JIKKYO NOTEBOOK

スパイラル数学Ｂ　学習ノート

【確率分布と統計的な推測】

本書は，実教出版発行の問題集「スパイラル数学Ｂ」の２章「確率分布と統計的な推測」の全例題と全問題を掲載した書き込み式のノートです。本書をノートのように学習していくことで，数学の実力を身につけることができます。

また，実教出版発行の教科書「新編数学Ｂ」に対応する問題には，教科書の該当ページを示してあります。教科書を参考にしながら問題を解くことによって，学習の効果がより一層高まります。

目　次

２章　確率分布と統計的な推測

1節　確率分布

復習　確率とデータの分析

SPIRAL A

*80　赤球 3 個，白球 4 個が入っている袋から，3 個の球を同時に取り出すとき，赤球 2 個，白球 1 個を取り出す確率を求めよ。

81　100 円硬貨を続けて 5 回投げるとき，次の確率を求めよ。
(1)　表が 3 回だけ出る確率

*(2)　表の出る回数が 3 回以上である確率

(3)　少なくとも 2 回表が出る確率

82　次のデータについて，平均値 $\overline{x}$，分散 s^2，標準偏差 s をそれぞれ求めよ。

4，2，4，6，10，8，0，8，6，2

1 確率変数と確率分布

SPIRAL A

83 1，2，3，4の数字が書かれたカードが，それぞれ1枚，2枚，3枚，4枚ある。この10枚のカードの中から1枚引くとき，そこに書かれた数をXとする。Xの確率分布を求めよ。

▶教p.46

84 1枚の硬貨を続けて4回投げるとき，表の出る回数Xの確率分布を求めよ。 ▶教p.46

***85**　赤球 3 個と白球 2 個が入っている袋から，2 個の球を同時に取り出すとき，その中に含まれる赤球の個数 X の確率分布と確率 $P(0 \leqq X \leqq 1)$ を求めよ。 ▶教p.47 例1

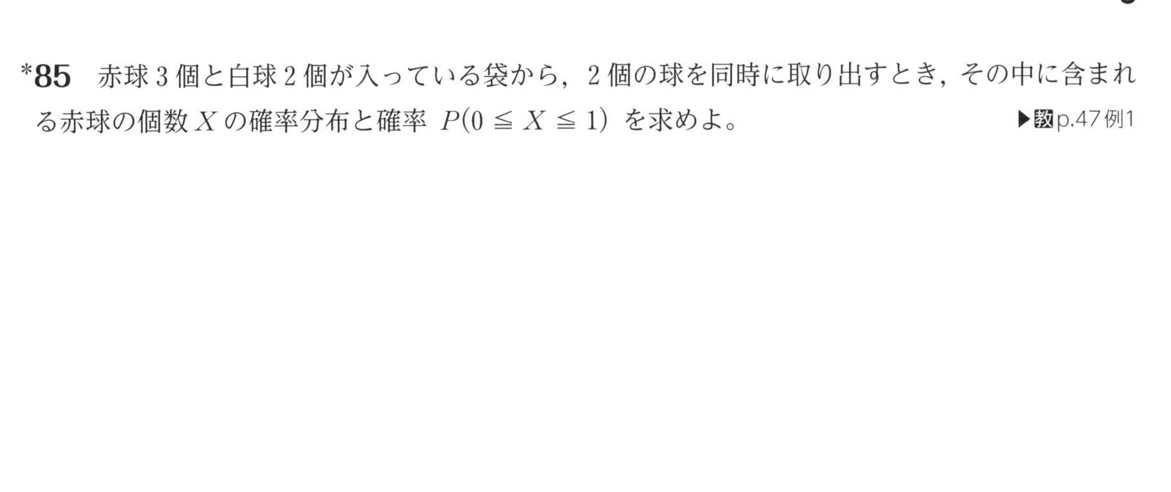

86　1 から 9 までの数字が 1 つずつ書かれたカードが 9 枚ある。ここから 3 枚のカードを同時に引くとき，その中に含まれる偶数が書かれたカードの枚数 X の確率分布と確率 $P(X \geqq 2)$ を求めよ。 ▶教p.47 例1

SPIRAL B

87 2個のさいころを同時に投げるとき，出る目の差の絶対値 X の確率分布と確率 $P(0 \leqq X \leqq 2)$ を求めよ。

88　1 個のさいころを続けて 3 回投げるとき，出る目の最大値 X の確率分布と確率 $P(3 \leqq X \leqq 5)$ を求めよ。

2　確率変数の期待値と分散(1)

SPIRAL A

89　5枚の硬貨を同時に投げるとき，表の出る枚数を X とする。このとき，確率変数 X の期待値 $E(X)$ を求めよ。 ▶教p.48例2

***90**　赤球3個と白球2個が入っている袋から2個の球を同時に取り出すとき，取り出された赤球の個数を X とする。このとき，確率変数 X の期待値 $E(X)$ を求めよ。 ▶教p.48例2

91　赤球 4 個と白球 3 個が入っている袋から 2 個の球を同時に取り出すとき，取り出された赤球の数が 2 個ならば 25 点，赤球の数が 1 個ならば 5 点，赤球が 1 個もないならば 0 点とする。このとき，得点の期待値を求めよ。

▶教 p.49 例題1

92　1 から 5 までの数字が 1 つずつ書かれた 5 枚のカードから 2 枚のカードを同時に引き，カードの数の大きい方の値を X とする。このとき，確率変数 X の期待値 $E(X)$ を求めよ。

▶教 p.49 例題1

93　1個のさいころを投げるとき，出る目の数をXとする。このとき，次の確率変数の期待値を求めよ。

▶教p.51例3

(1)　$X+4$

(2)　$-X$

(3)　$5X-1$

(4)　$12-2X$

94　3枚の硬貨を同時に投げて，表の出る枚数の2乗を得点とするゲームがある。このゲームを1回行ったときの得点の期待値を求めよ。

▶教p.51 例4

*95　1 個のさいころを続けて 3 回投げるとき，2 以下の目が出る回数を X とする。このとき，次の問いに答えよ。
▶教 p.51

(1)　確率変数 X の期待値 $E(X)$ を求めよ。

(2)　X の 3 倍から 2 を引いた数 $3X-2$ の期待値を求めよ。

SPIRAL B

*96　1個のさいころを投げて，3以上の目が出れば10点，2以下の目が出れば0点とする。このとき，さいころを続けて3回投げて得られる得点の期待値を求めよ。

97 4枚の硬貨を同時に投げて，表の出た枚数によって数直線上を動く点Pがある。点Pは，座標3の点を出発し，表の出た枚数の2倍だけ正の方向に進む。4枚の硬貨を同時に1回投げたときの点Pの座標 Y の期待値 $E(Y)$ を求めよ。

例題 11 1から5までの数字が1つずつ書かれた5枚のカードから同時に2枚のカードを取り出すとき，カードの数の大きい方から小さい方を引いた値 X の期待値 $E(X)$ を求めよ。

解 2枚のカードの数の大きい方から小さい方を引いた値 X のとり得る値は

$X=1,\ 2,\ 3,\ 4$

である。5枚のカードから2枚のカードを取り出す方法は ${}_5\mathrm{C}_2=10$（通り）であり，
$X=k$ （$k=1,\ 2,\ 3,\ 4$）となるのは $5-k$（通り）である。

よって　$P(X=k)=\dfrac{5-k}{10}$

であるから，X の確率分布は右の表のようになる。

X	1	2	3	4	計
P	$\frac{4}{10}$	$\frac{3}{10}$	$\frac{2}{10}$	$\frac{1}{10}$	1

ゆえに　$E(X)=1\cdot\dfrac{4}{10}+2\cdot\dfrac{3}{10}+3\cdot\dfrac{2}{10}+4\cdot\dfrac{1}{10}=\dfrac{20}{10}=2$ **答**

98 2個のさいころを同時に投げるとき，大きい方の目の数を X とする。このとき，確率変数 X の期待値 $E(X)$ を求めよ。ただし，同じ目のときはその目の数を X の値とする。

99 箱Aには8個，箱Bには4個の球が入っている。いま，1枚の硬貨を投げて，表が出れば箱Aから箱Bに球を2個移し，裏が出れば箱Bから箱Aに球を1個移す。硬貨を4回投げるとき，箱Aに残る球の個数の期待値を求めよ。

2 確率変数の期待値と分散(2)

SPIRAL A

100 次の問いに答えよ。 ▶教 p.53 例5，p.54 例6

(1) X の確率分布が，右の表で与えられているとき，X の期待値 $E(X)$，分散 $V(X)$，標準偏差 $\sigma(X)$ を求めよ。

X	-2	-1	1	2	計
P	$\frac{1}{6}$	$\frac{2}{6}$	$\frac{2}{6}$	$\frac{1}{6}$	1

(2) 4 枚の硬貨を同時に投げるとき，表の出る枚数を X とする。X の期待値 $E(X)$，分散 $V(X)$，標準偏差 $\sigma(X)$ を求めよ。

*101　赤球 3 個，白球 4 個が入っている箱から 2 個の球を同時に取り出すとき，取り出された赤球の個数を X とする。確率変数 X の標準偏差 $\sigma(X)$ を求めよ。 ▶教p.55 例題2

102 確率変数 X の期待値が 4，分散が 2 であるとき，次の確率変数の期待値，分散，標準偏差を求めよ。

▶教p.56 例7

*(1)　$3X+1$

(2)　$-X$

(3)　$-6X+5$

103　赤球 3 個，白球 2 個が入っている箱から 2 個の球を同時に取り出すゲームがある。参加するのに 500 点を失い，取り出した赤球 1 個につき 500 点が得られる。取り出した 2 個に含まれる赤球の個数を X，得点を Y とするとき，X と Y の期待値と標準偏差をそれぞれ求めよ。

▶教 p.57 例題3

SPIRAL B

*104　赤球2個，白球1個が入っている箱から1個の球を取り出し，色を調べてもとにもどす。これを3回くり返すとき，赤球が出た回数を X とする。このとき，確率変数 X の期待値 $E(X)$ と標準偏差 $\sigma(X)$ を求めよ。

105 赤球 6 個，白球 3 個が入っている袋から 3 個の球を同時に取り出し，その中に含まれている赤球の個数を X とする。このとき，確率変数 X の期待値 $E(X)$ と標準偏差 $\sigma(X)$ を求めよ。

*106　確率変数 X の期待値を m，標準偏差を σ とするとき，次の確率変数の期待値と標準偏差を求めよ。

(1)　確率変数 $Z=\dfrac{X-m}{\sigma}$

(2)　確率変数 $T=10\times\dfrac{X-m}{\sigma}+50$

107　ある確率変数 X に対して，確率変数 Y を，$Y=2X-5$ と定めると，Y の平均が 0，標準偏差が 1 となった。もとの確率変数 X の期待値 $E(X)$ と分散 $V(X)$ を求めよ。

108 ある確率変数 X の確率分布が右の表で与えられている。$P(X \leqq 3) = 0.25$ であるとき，次の値を求めよ。

X	1	2	3	4	5	計
P	a	$\frac{2}{24}$	$\frac{3}{24}$	b	$\frac{6}{24}$	1

(1) a，b

(2) $P(2 \leqq X \leqq 4)$

(3) X の期待値 $E(X)$ と分散 $V(X)$

SPIRAL C

109 4枚の封筒と4枚のカードがあり，それぞれ1，2，3，4の数字が書かれている。このカードを1枚ずつ封筒に入れるとき，カードの数字とそれを入れた封筒の数字が一致する枚数 X の期待値 $E(X)$ と分散 $V(X)$ を求めよ。

110　6の面を1に，5の面を2に，4の面を3に直した2個のさいころを同時に投げるとき，次の問いに答えよ。

(1)　出る目の最大値がk以下である確率を求めよ。

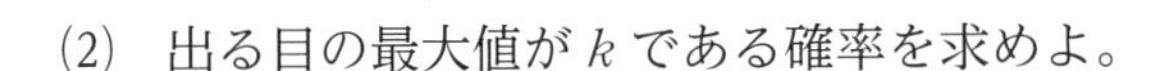

(2)　出る目の最大値がkである確率を求めよ。

(3)　出る目の最大値をXとして，Xの期待値$E(X)$と標準偏差$\sigma(X)$を求めよ。

3 確率変数の和と積

SPIRAL A

*111　1個のさいころを投げるとき，出る目の期待値は $\dfrac{7}{2}$ である。このことを用いて，次の問いに答えよ。

▶教p.59例8，p.61例10

(1)　4個のさいころを同時に投げるとき，出る目の和の期待値を求めよ。

(2)　3個のさいころを同時に投げるとき，出る目の積の期待値を求めよ。

112　1個のさいころを投げ，得点 X は出る目が奇数ならば 0 点，偶数ならば 2 点とし，得点 Y は出る目が 3 の倍数ならば 3 点， 3 の倍数でなければ 0 点とする。このとき，X，Y が互いに独立か調べよ。

▶教p.60 例9

113　1枚の硬貨を投げるとき，表の出る枚数の期待値は $\frac{1}{2}$ 枚，分散は $\frac{1}{4}$ である。このことを用いて，3枚の硬貨を同時に投げるとき，表の出る枚数の期待値と分散を求めよ。

▶教p.59例8，p.62例11

SPIRAL B

114 赤球 3 個，白球 2 個が入っている袋 A から 3 個の球を同時に取り出し，赤球 2 個，白球 3 個が入っている袋 B から 2 個の球を同時に取り出すとき，この 5 個の中に含まれる赤球の個数の期待値と分散を求めよ。

115　箱 A には，1，3，5，7，9 の数字を書いた球，箱 B には，2，4，6，8 の数字を書いた球がそれぞれ 1 個ずつ入っている。箱 A と箱 B から球を 1 個ずつ取り出すとき，2 個の球に書かれた数の積の期待値を求めよ。

SPIRAL C

独立な確率変数の和

例題 12

2つの互いに独立な確率変数 X, Y のとる値に対応する確率の一部が，右の表で与えられている。

このとき，次の問いに答えよ。 ▶教p.97章末1

X \ Y	2	4	計
1			
3		$\frac{1}{9}$	$\frac{1}{6}$
計			1

(1) $P(Y=4)$ を求めよ。

(2) $P(X=1)$，$P(Y=2)$ を求めよ。

(3) 右の表の空欄をうめよ。

(4) $X+Y$ の期待値 $E(X+Y)$ と分散 $V(X+Y)$ を求めよ。

解

(1) X, Y は互いに独立であるから，$P(X=3,\ Y=4)=P(X=3)\cdot P(Y=4)$

よって $\frac{1}{9}=\frac{1}{6}\cdot P(Y=4)$ より $P(Y=4)=\mathbf{\frac{2}{3}}$ 答

(2) $P(X=1)=1-\frac{1}{6}=\mathbf{\frac{5}{6}}$, $P(Y=2)=1-\frac{2}{3}=\mathbf{\frac{1}{3}}$ 答

(3) (1), (2)より $P(X=1,\ Y=4)=\frac{2}{3}-\frac{1}{9}=\frac{5}{9}$

$P(X=1,\ Y=2)=\frac{5}{6}-\frac{5}{9}=\frac{5}{18}$

$P(X=3,\ Y=2)=\frac{1}{6}-\frac{1}{9}=\frac{1}{18}$

よって，右の表のようになる。

X \ Y	2	4	計
1	$\mathbf{\frac{5}{18}}$	$\mathbf{\frac{5}{9}}$	$\mathbf{\frac{5}{6}}$
3	$\mathbf{\frac{1}{18}}$	$\frac{1}{9}$	$\frac{1}{6}$
計	$\mathbf{\frac{1}{3}}$	$\mathbf{\frac{2}{3}}$	1

答

(4) $E(X)=1\cdot\frac{5}{6}+3\cdot\frac{1}{6}=\frac{4}{3}$, $E(X^2)=1^2\cdot\frac{5}{6}+3^2\cdot\frac{1}{6}=\frac{7}{3}$ より

$V(X)=E(X^2)-\{E(X)\}^2=\frac{7}{3}-\left(\frac{4}{3}\right)^2=\frac{5}{9}$

$E(Y)=2\cdot\frac{1}{3}+4\cdot\frac{2}{3}=\frac{10}{3}$, $E(Y^2)=2^2\cdot\frac{1}{3}+4^2\cdot\frac{2}{3}=12$ より

$V(Y)=E(Y^2)-\{E(Y)\}^2=12-\left(\frac{10}{3}\right)^2=\frac{8}{9}$

よって $E(X+Y)=E(X)+E(Y)=\frac{4}{3}+\frac{10}{3}=\mathbf{\frac{14}{3}}$ 答

X, Y は互いに独立であるから，$V(X+Y)=V(X)+V(Y)=\frac{5}{9}+\frac{8}{9}=\mathbf{\frac{13}{9}}$ 答

116　2 つの互いに独立な確率変数 X，Y のとる値に対応する確率の一部が，右の表で与えられている。
このとき，次の問いに答えよ。

X \ Y	1	3	計
1			
3	$\frac{3}{10}$		
計	$\frac{3}{4}$		1

(1)　$P(X=3)$ を求めよ。

(2)　$P(X=1)$，$P(Y=3)$ を求めよ。

⑶　右の表の空欄をうめよ。

Y \ X	1	3	計
1			
3	$\frac{3}{10}$		
計	$\frac{3}{4}$		1

⑷　$X+Y$ の期待値 $E(X+Y)$ と分散 $V(X+Y)$ を求めよ。

2節　二項分布と正規分布

1　二項分布

SPIRAL A

117　1個のさいころを続けて9回投げるとき，1の目が出る回数 X は二項分布 $B(n,\ p)$ に従う。このとき，n と p の値を求めよ。 ▶教p.65例1

***118**　確率変数 X が二項分布 $B\left(6,\ \dfrac{1}{3}\right)$ に従うとき，次の確率を求めよ。 ▶教p.64

(1)　$P(X=1)$

(2)　$P(X=3)$

***119** 1 枚の硬貨を続けて 10 回投げるとき，表が出る回数を X とする。次の確率を求めよ。

▶教p.65 例題1

(1) $P(X=8)$

(2) $P(3 \leqq X \leqq 5)$

*__120__　1 個のさいころを 300 回投げるとき，2 以下の目の出る回数 X の期待値，分散，標準偏差を求めよ。

▶教 p.67 例2

__121__　ある製品を製造するとき，不良品が生じる確率は 0.01 であるという。この製品を 1000 個製造するとき，その中に含まれる不良品の個数 X の期待値，分散，標準偏差を求めよ。

▶教 p.67 例題2

*122　ある菓子には当たりくじがついており，当たる確率は $\frac{1}{25}$ であるという。この菓子を150個買うとき，当たる個数 X の期待値，分散，標準偏差を求めよ。 ▶教p.67例題2

SPIRAL B

二項分布の期待値と標準偏差

例題 13 1個のさいころを投げて，3以上の目が出れば2点を得るが，2以下の目が出れば4点を失うゲームを90回行う。このとき，合計点の期待値と標準偏差を求めよ。

解　3以上の目が出る回数を X，合計点を Y とすると，2以下の目が出る回数は
$90-X$ であるから

$$Y=2X-4(90-X)=6X-360$$

X は二項分布 $B\left(90,\ \frac{2}{3}\right)$ に従うから

$$E(X)=90\times\frac{2}{3}=60,\ \sigma(X)=\sqrt{90\times\frac{2}{3}\times\left(1-\frac{2}{3}\right)}=2\sqrt{5}$$

よって

$$E(Y)=E(6X-360)=6E(X)-360=6\cdot60-360=0$$

$$\sigma(Y)=\sigma(6X-360)=|6|\sigma(X)=6\cdot2\sqrt{5}=12\sqrt{5}$$

したがって，合計点の期待値は **0点**，標準偏差は **$12\sqrt{5}$ 点**　答

123　2個のさいころを同時に投げて，同じ目が出れば20点を得るが，異なる目が出れば2点を失うゲームを15回行う。このとき，合計点の期待値と標準偏差を求めよ。

124 袋の中に赤球 a 個と白球 $(100-a)$ 個の合計100個の球が入っている。この袋の中から1個の球を取り出して色を調べてもとにもどす。これを n 回くり返すとき，取り出した赤球の総数を X とする。X の期待値が $\frac{16}{5}$，分散が $\frac{64}{25}$ であるとき，赤球の個数 a と球を取り出す回数 n を求めよ。

***125**　1 枚の硬貨を投げて，その表，裏によって数直線上を動く点 P がある。点 P は原点を出発し，表が出たら $+2$，裏が出たら -1 だけ動く。硬貨を 20 回投げたとき，点 P の座標 X の期待値 $E(X)$ と標準偏差 $\sigma(X)$ を求めよ。

126　総数が 20 本のくじから 1 本を引いて，その結果を記録した後もとにもどすことを 100 回くり返す。このとき，当たりくじを引く回数の分散を 24 以上にするには，当たりくじを何本にしたらよいか，その本数 n の値の範囲を求めよ。

2 正規分布

SPIRAL A

*127 確率変数 X の確率密度関数が $f(x)=-\frac{1}{2}x+1 \quad (0 \leqq x \leqq 2)$ で表されるとき，次の確率を求めよ。 ▶教p.69例3

(1) $P(0 \leqq X \leqq 1)$

(2) $P(1 \leqq X \leqq 2)$

128 確率変数 Z が標準正規分布 $N(0,\ 1)$ に従うとき，次の確率を求めよ。 ▶教p.71例4

(1) $P(0 \leqq Z \leqq 1.45)$

(2) $P(-1 \leqq Z \leqq 2)$

(3) $P(Z \geqq 1.5)$

*129　確率変数 X が正規分布 $N(50,\ 10^2)$ に従うとき，次の確率を求めよ。 ▶教p.72例題3

(1)　$P(45 \leqq X \leqq 55)$

(2)　$P(X \leqq 55)$

(3)　$P(X \geqq 65)$

130 確率変数 X が次の正規分布に従うとき，$P(X \geqq 70)$ を求めよ。 ▶教p.72 例題3

(1) $N(60,\ 10^2)$

*(2) $N(55,\ 20^2)$

*131　1 個のさいころを 720 回投げるとき，1 の目が 150 回以上出る確率を求めよ。

▶教 p.76 例題4

132　1 枚の硬貨を 1600 回投げるとき，表の出る回数が 780 回以上 840 回以下となる確率を求めよ。

▶教 p.76 例題4

SPIRAL B

*133 ある動物の個体の体長を調べたところ，平均値 50 cm，標準偏差 2 cm であった。体長の分布を正規分布とみなすとき，この中に体長が 47 cm 以上 55 cm 以下のものはおよそ何 % いるか。小数第 1 位を四捨五入して求めよ。

▶教p.73応用例題1

134　ある工場で生産される飲料の重さを調べたところ，平均値 203 g，標準偏差 1 g であった。重さの分布を正規分布とみなすとき，重さ 200 g 以下の缶が生産される確率を求めよ。

▶教 p.73 応用例題1

135 硬貨 3 枚を同時に投げる試行を 960 回行ったとき，1 枚だけ表が出る回数を X とする。

(1) X の期待値 $E(X)$ と標準偏差 $\sigma(X)$ を求めよ。

(2) 確率 $P(X \geqq 375)$ を求めよ。

136　確率変数 X が正規分布 $N(50,\ 10^2)$ に従うとき，$P(X \geqq k) = 0.025$ が成り立つような定数 k の値を求めよ。

137　1枚の硬貨を400回投げるとき，表の出る枚数を X とする。X の確率分布を正規分布で近似して，次の問いに答えよ。

(1)　$P(190 \leqq X \leqq 210)$ を求めよ。

(2)　$P(X \leqq k) \fallingdotseq 0.1$ となる整数 k の値を求めよ。

SPIRAL C

正規分布の応用

例題 14 ある資格試験における受験者全体の成績の結果は，平均値 61.3 点，標準偏差 15 点であった。得点の分布を正規分布とみなすとき，次の問いに答えよ。

(1) 得点が 54.7 点以上の受験者は，受験者全体のおよそ何%いるか。

(2) 得点が 54.7 点以上の受験者が 396 人いたとき，受験者の総数はおよそ何人か。

(3) 得点が 70 点以上であれば，この資格が取得できる。(2)のとき，資格取得者はおよそ何人いるか。

考え方 得点を X 点とすると，X は正規分布 $N(61.3,\ 15^2)$ に従う。

解 (1) 得点を X 点とすると，X は正規分布 $N(61.3,\ 15^2)$ に従う。

$Z=\dfrac{X-61.3}{15}$ とおくと，Z は標準正規分布 $N(0,\ 1)$ に従う。

$X=54.7$ のとき，$Z=\dfrac{54.7-61.3}{15}=-0.44$ であるから

$$\begin{aligned}P(54.7\leqq X)&=P(-0.44\leqq Z)\\&=P(0\leqq Z)+P(0\leqq Z\leqq 0.44)\\&=0.5+0.1700=0.6700\end{aligned}$$

よって，得点が 54.7 点以上の受験者は，受験者全体の**およそ 67 %** である。 答

(2) 受験者の総数を n 人とすると，(1)より

$0.6700n=396$ であるから $n=591.0\cdots$

よって，受験者の総数は，**およそ 591 人**である。 答

(3) $X=70$ のとき，$Z=\dfrac{70-61.3}{15}=0.58$ であるから

$$\begin{aligned}P(70\leqq X)&=P(0.58\leqq Z)\\&=P(0\leqq Z)-P(0\leqq Z\leqq 0.58)\\&=0.5-0.2190=0.2810\end{aligned}$$

ゆえに，(2)より　$591\times 0.2810=166.071$

よって，資格取得者は，**およそ 166 人**いる。 答

138 ある高校の 2 年生男子全体の身長を調べたところ，平均値 170 cm，標準偏差 5 cm であった。身長の分布を正規分布とみなすとき，次の問いに答えよ。

(1) 身長が 179.8 cm 以上の生徒は，2 年生男子全体のおよそ何%いるか。

(2) 身長が 179.8 cm 以上の生徒が 6 人いたとき，2 年生男子の総数はおよそ何人か。

(3) (2)のとき，身長が 163.1 cm 以下の 2 年生男子はおよそ何人いるか。

3節　統計的な推測

1　母集団と標本

SPIRAL A

139　次の調査には，全数調査，標本調査のいずれが適しているか答えよ。 ▶教p.78例1

(1)　学校で行う健康診断調査　　(2)　ある湖の水質調査

140　1 から 9 までの数字が 1 つずつ書かれた 9 枚のカードを母集団とする。ここから大きさ 3 の標本を無作為抽出するとき，次の場合について標本の選び方は何通りあるか。 ▶教p.79例2

(1)　復元抽出

(2)　非復元抽出で抽出した順序を区別する

(3)　一度に 3 枚抽出する非復元抽出

141　1 から 9 までの数字が 1 つずつ書かれた 9 枚のカードがある。9 枚のカードから 1 枚を引き，そこに書かれた数字が偶数ならば $X=1$，奇数ならば $X=-1$ とするとき，この変量 X の母平均 m，母分散 σ^2，母標準偏差 σ を求めよ。

▶教p.80 例3

2 標本平均の分布

SPIRAL A

*142 ある高校の男子の身長の平均値は 169.2 cm，標準偏差は 5.5 cm である。この高校の男子から 25 人を無作為抽出するとき，その標本平均 $\overline{X}$ の期待値 $E(\overline{X})$ と標準偏差 $\sigma(\overline{X})$ を求めよ。

▶教 p.83 例4

143 1，2，3，4 の数字が書かれた球が，それぞれ 1 個，2 個，3 個，4 個の合計 10 個ある。この 10 個の球が入っている袋から 2 個の球を無作為抽出するとき，書かれた数の標本平均 $\overline{X}$ の期待値 $E(\overline{X})$ と標準偏差 $\sigma(\overline{X})$ を求めよ。

▶教 p.83 例4

144 1, 2, 3 の数字が書かれたカードが，それぞれ 1 枚，2 枚，2 枚の合計 5 枚ある。この 5 枚のカードが入っている袋から 2 枚のカードを無作為抽出するとき，書かれた数の標本平均 $\overline{X}$ の期待値 $E(\overline{X})$ と標準偏差 $\sigma(\overline{X})$ を求めよ。 ▶教p.83例4

SPIRAL B

145 母標準偏差が 2 の母集団から，大きさ n の標本を無作為抽出するとき，標本平均 $\overline{X}$ の標準偏差 $\sigma(\overline{X})$ が 0.1 以下となるようにするためには，n をいくつ以上にすればよいか。

146 1 個のさいころを 105 回投げるとき，出る目の平均を $\overline{X}$ とする。$\overline{X}$ の期待値 $E(\overline{X})$ と標準偏差 $\sigma(\overline{X})$ を求めよ。

例題 15 平均値 54 点，標準偏差 12 点の試験の答案から，36 枚の答案を無作為抽出する。このとき，得点の標本平均が 51 点以上 58 点以下である確率を求めよ。

解　得点の標本平均を $\overline{X}$ とすると，$\overline{X}$ は正規分布 $N\left(54,\ \dfrac{12^2}{36}\right)$

すなわち，正規分布 $N(54,\ 2^2)$ に従うとみなせる。

よって $Z=\dfrac{\overline{X}-54}{2}$ とおくと，Z は標準正規分布 $N(0,\ 1)$ に従う。

$\overline{X}=51$ のとき $Z=-1.5$，$\overline{X}=58$ のとき $Z=2$ であるから

$$\begin{aligned}P(51 \leqq \overline{X} \leqq 58) &= P(-1.5 \leqq Z \leqq 2)\\ &= P(-1.5 \leqq Z \leqq 0)+P(0 \leqq Z \leqq 2)\\ &= P(0 \leqq Z \leqq 1.5)+P(0 \leqq Z \leqq 2)\\ &= 0.4332+0.4772\\ &= \mathbf{0.9104}\end{aligned}$$

答

147　平均値 50 点，標準偏差 10 点の試験の答案から，25 枚の答案を無作為抽出する。このとき，得点の標本平均が 48 点以下である確率を求めよ。

▶教 p.85 応用例題1

*148　平均値 50 点，標準偏差 20 点の試験の答案から，100 枚の答案を無作為抽出する。このとき，得点の標本平均が 46 点以上 54 点以下である確率を求めよ。 ▶教p.85 応用例題1

149 平均値 50 点，標準偏差 20 点の試験の答案から，n 枚の答案を無作為抽出する。$n = 400$ と $n = 900$ の場合について，得点の標本平均が 49 点以上 51 点以下である確率を求めよ。

▶教p.86練習6

3 統計的な推測

SPIRAL A

150 母標準偏差 $\sigma=6.0$ である母集団から，大きさ 144 の標本を無作為抽出したところ，標本平均が 38 であった。母平均 m に対する信頼度 95％ の信頼区間を求めよ。 ▶教 p.88 例5

***151** ある工場で，25 枚の鋼板を無作為抽出して厚さを調べたところ，平均値 1.24 mm であった。母標準偏差を 0.10 mm として，この鋼板全体の厚さの平均値 m を，信頼度 95％ で推定せよ。

152 A社の石けん 100 個を購入してその重さを調べたところ，平均値 51.0 g，標準偏差 5 g であった。A社の石けんの重さの平均値 m を，信頼度 95％ で推定せよ。 ▶教 p.89 例題1

*153　ある選挙区で 400 人を無作為に選んで，A 候補の支持者を調べたところ，240 人であった。この選挙区における A 候補の支持率 p を，信頼度 95％ で推定せよ。　▶教p.91 例題2

154 赤球 5 個，白球 5 個が入っている袋から復元抽出で 1 個ずつ 11 回取り出すとき，赤球が取り出される回数を X とすると，X は二項分布 $B\left(11,\ \dfrac{1}{2}\right)$ に従い，確率分布は小数第 5 位を四捨五入すると，右の表のようになる。このことを用いて，次の問いに答えよ。
仮説「袋に入っている 10 個の球のうち，赤球は 5 個である」
を否定するかどうかの基準となる確率を 0.05 として，復元抽出で 1 個ずつ 11 回取り出して赤球が 1 回以下または 10 回以上出たとき，仮説を否定できるか判断せよ。

▶教 p.92 例6

X	P
0	0.0005
1	0.0054
2	0.0269
3	0.0806
4	0.1611
5	0.2255
6	0.2255
7	0.1611
8	0.0806
9	0.0269
10	0.0054
11	0.0005
計	1

155　10本のくじの中に，当たりが3本入っているくじから復元抽出で1本ずつ8回くじを引くとき，当たりを引いた回数をXとすると，Xは二項分布$B\left(8,\ \frac{3}{10}\right)$に従い，確率分布は小数第6位を四捨五入すると，右の表のようになる。このことを用いて，次の問いに答えよ。

「10本のくじの中に，当たりは3本だけ入っている」といわれているくじを復元抽出で1本ずつ8回引いて，6回以上当たりを引いたとき，「10本のくじの中に，当たりは3本だけ入っている」は正しいといえるか。有意水準5％で仮説検定せよ。

▶教p.93例7

X	P
0	0.05765
1	0.19765
2	0.29648
3	0.25412
4	0.13613
5	0.04668
6	0.01000
7	0.00122
8	0.00007
計	1

*156　あるファーストフードグループで注文を受けてから商品を渡すまでの時間は，平均 5 分，標準偏差 1 分の正規分布に従うという。この時間を店員数が 16 人の A 店で調べたところ，平均値は 5.5 分であった。
この平均値は，グループ全体と比べて違いがあるといえるか。有意水準 5 % で仮説検定せよ。

▶教p.94 例題3

157 ある養鶏場の卵は平均 60 g，標準偏差 4 g の正規分布に従うという。
養鶏場を改修して 1 か月後に卵 25 個を調べたところ，平均値は 63 g であった。飼育環境を改修したことで，卵の重さに違いが出たといえるか。有意水準 5 % で仮説検定せよ。 ▶教 p.94 例題3

SPIRAL B

158 ある製品の1個あたりの重さは正規分布 $N(m,\ \sigma^2)$ に従うという。
その母平均 m を信頼度95%で推定するとき，信頼区間の幅を 0.2σ 以下にするには，標本の大きさ n を少なくとも何個にすればよいか。

159 全国の 5 歳児の身長は標準偏差 5 cm の正規分布に従うという。5 歳児の身長の平均値を信頼度 95% で推定したい。信頼区間の幅を 1.4 cm 以内にするためには，何人以上調べればよいか。

160 ある農園の栗は10％の不良品を含むと予想されている。この農園の栗の不良品の比率を信頼度95％で推定したい。信頼区間の幅を0.02以下にするためには，いくつ以上の標本を抽出して調査すればよいか。

161　ある意見に対する賛成率は80％と予想されている。この意見に対する賛成率を信頼度95％で推定したい。信頼区間の幅を0.02以下にするためには，いくつ以上の標本を抽出して調査すればよいか。

162 ある機械が製造する製品には 2 % の不良品が含まれるという。ある日，この製品 400 個を無作為抽出して調べたところ，不良品が 15 個含まれていた。この日の機械には異常があるといえるか。有意水準 5 % で仮説検定せよ。 ▶教p.95 応用例題2

163　80％は発芽すると宣伝されている種子100個を植えたところ，73個の種子が発芽した。この種子の宣伝は正しいといえるか。有意水準5％で仮説検定せよ。　▶教p.95応用例題2

SPIRAL C

164 次の問いに答えよ。

(1) ある機械で生産される製品の長さは，平均 60 cm，標準偏差 5 cm の正規分布に従うという。この製品を無作為に n 個抽出して有意水準 5 % で仮説検定するとき，標本平均が 58.6 cm 以下または 61.4 cm 以上のときは機械に異常があるとして機械を点検したい。n は少なくともいくつにすればよいか。

(2) さいころを n 回投げて，偶数の目が出た割合が 48％ 以下または 52％ 以上であれば，帰無仮説「さいころは正しくつくられている」を棄却したい。
有意水準 5 % で仮説検定するとき，n は少なくともいくつにすればよいか。

例題 16

次の問いに答えよ。

(1)　2つの確率変数 X_1, X_2 が互いに独立で，X_1 は正規分布 $N(m_1,\ \sigma_1{}^2)$ に従い，X_2 は正規分布 $N(m_2,\ \sigma_2{}^2)$ に従うとき，X_1-X_2 も正規分布に従うことが知られている。X_1-X_2 の期待値 $E(X_1-X_2)$ と分散 $V(X_1-X_2)$ を求めよ。

(2)　A社とB社が販売しているある製品をそれぞれ100個購入して重さの平均値を調べたら，平均値の差が0.7 gであった。A社とB社の製品の重さの平均に違いがあるといえるか。有意水準5％で仮説検定せよ。
ただし，従来の統計から，A社とB社の製品の重さは，それぞれ標準偏差3 g，4 gの正規分布に従うことがわかっているものとする。

解

(1)　$E(X_1)=m_1$, $E(X_2)=m_2$, $V(X_1)=\sigma_1{}^2$, $V(X_2)=\sigma_2{}^2$ であるから

$$E(X_1-X_2)=E(X_1+(-X_2))=E(X_1)+E(-X_2)$$
$$=E(X_1)-E(X_2)=\boldsymbol{m_1-m_2}$$ 答

$$V(X_1-X_2)=V(X_1+(-X_2))=V(X_1)+V(-X_2)$$
$$=V(X_1)+(-1)^2V(X_2)=V(X_1)+V(X_2)=\boldsymbol{\sigma_1{}^2+\sigma_2{}^2}$$ 答

(2)　A社の製品の重さを X_1, 母平均を m_1 とすると，X_1 は正規分布 $N(m_1,\ 3^2)$ に従うから，標本平均 $\overline{X_1}$ は正規分布 $N\left(m_1,\ \dfrac{3^2}{100}\right)$ に従う。
B社の製品の重さを X_2, 母平均を m_2 とすると，X_2 は正規分布 $N(m_2,\ 4^2)$ に従うから，標本平均 $\overline{X_2}$ は正規分布 $N\left(m_2,\ \dfrac{4^2}{100}\right)$ に従う。
帰無仮説を「母平均は等しい」とすると，帰無仮説が正しければ，$m_1=m_2$
$\overline{X_1}$, $\overline{X_2}$ は互いに独立であるから，(1)より，
$\overline{X_1}-\overline{X_2}$ は正規分布 $N\left(m_1-m_2,\ \dfrac{3^2}{100}+\dfrac{4^2}{100}\right)$
すなわち，$N(0,\ 0.5^2)$ に従う。よって，$\overline{X_1}-\overline{X_2}$ の有意水準5％の棄却域は
$\overline{X_1}-\overline{X_2}\leqq 0-1.96\times 0.5$, $0+1.96\times 0.5\leqq \overline{X_1}-\overline{X_2}$ より

$$\overline{X_1}-\overline{X_2}\leqq -0.98,\ 0.98\leqq \overline{X_1}-\overline{X_2}$$

標本平均の差0.7は棄却域に入らないから，帰無仮説は棄却されない。したがって，**重さの平均に違いがあるとも違いがないともいえない。** 答

165 A 社と B 社が販売しているある製品をそれぞれ 400 個購入して重さの平均値を調べたら，平均値の差が 1.5 g であった。A 社と B 社の製品の重さの平均に違いがあるといえるか。有意水準 5 % で仮説検定せよ。
ただし，従来の統計から，A 社と B 社の製品の重さは，それぞれ標準偏差 5 g，12 g の正規分布に従うことがわかっているものとする。

解答

80 $\dfrac{12}{35}$

81 (1) $\dfrac{5}{16}$　(2) $\dfrac{1}{2}$　(3) $\dfrac{13}{16}$

82 平均値 $\bar{x}$ は 5，分散 s^2 は 9，
標準偏差 s は 3

83

X	1	2	3	4	計
P	$\frac{1}{10}$	$\frac{2}{10}$	$\frac{3}{10}$	$\frac{4}{10}$	1

84

X	0	1	2	3	4	計
P	$\frac{1}{16}$	$\frac{4}{16}$	$\frac{6}{16}$	$\frac{4}{16}$	$\frac{1}{16}$	1

85

X	0	1	2	計
P	$\frac{1}{10}$	$\frac{6}{10}$	$\frac{3}{10}$	1

$P(0 \leqq X \leqq 1)=\dfrac{7}{10}$

86

X	0	1	2	3	計
P	$\frac{10}{84}$	$\frac{40}{84}$	$\frac{30}{84}$	$\frac{4}{84}$	1

$P(X \geqq 2)=\dfrac{17}{42}$

87

X	0	1	2	3	4	5	計
P	$\frac{6}{36}$	$\frac{10}{36}$	$\frac{8}{36}$	$\frac{6}{36}$	$\frac{4}{36}$	$\frac{2}{36}$	1

$P(0 \leqq X \leqq 2)=\dfrac{2}{3}$

88

X	1	2	3	4	5	6	計
P	$\frac{1}{216}$	$\frac{7}{216}$	$\frac{19}{216}$	$\frac{37}{216}$	$\frac{61}{216}$	$\frac{91}{216}$	1

$P(3 \leqq X \leqq 5)=\dfrac{13}{24}$

89 $\dfrac{5}{2}$

90 $\dfrac{6}{5}$

91 10 点

92 4

93 (1) $\dfrac{15}{2}$　(2) $-\dfrac{7}{2}$　(3) $\dfrac{33}{2}$　(4) 5

94 3 点

95 (1) 1　(2) 1

96 20 点

97 7

98 $\dfrac{161}{36}$

99 6 個

100 (1) $E(X)=0$，$V(X)=2$，$\sigma(X)=\sqrt{2}$
(2) $E(X)=2$，$V(X)=1$，$\sigma(X)=1$

101 $\sigma(X)=\dfrac{2\sqrt{5}}{7}$

102 (1) $E(3X+1)=13$
$V(3X+1)=18$
$\sigma(3X+1)=3\sqrt{2}$
(2) $E(-X)=-4$
$V(-X)=2$
$\sigma(-X)=\sqrt{2}$
(3) $E(-6X+5)=-19$
$V(-6X+5)=72$
$\sigma(-6X+5)=6\sqrt{2}$

103 X の期待値は $\dfrac{6}{5}$ 個，標準偏差は $\dfrac{3}{5}$ 個，
Y の期待値は 100 点，標準偏差は 300 点

104 $E(X)=2$，$\sigma(X)=\dfrac{\sqrt{6}}{3}$

105 $E(X)=2$，$\sigma(X)=\dfrac{\sqrt{2}}{2}$

106 (1) 期待値は 0，標準偏差は 1
(2) 期待値は 50，標準偏差は 10

107 $E(X)=\dfrac{5}{2}$，$V(X)=\dfrac{1}{4}$

108 (1) $a=\dfrac{1}{24}$，$b=\dfrac{1}{2}$
(2) $\dfrac{17}{24}$
(3) $E(X)=\dfrac{23}{6}$，$V(X)=\dfrac{19}{18}$

109 $E(X)=1$，$V(X)=1$

110 (1) $\dfrac{k^2}{9}$　(2) $\dfrac{2k-1}{9}$
(3) $E(X)=\dfrac{22}{9}$，$\sigma(X)=\dfrac{\sqrt{38}}{9}$

111 (1) 14　(2) $\dfrac{343}{8}$

112 X，Y は互いに独立である。

113 期待値は $\dfrac{3}{2}$ 枚，分散は $\dfrac{3}{4}$

114 期待値は $\dfrac{13}{5}$ 個，分散は $\dfrac{18}{25}$

115 25

116 (1) $\dfrac{2}{5}$
(2) $P(X=1)=\dfrac{3}{5}$
$P(Y=3)=\dfrac{1}{4}$

(3)

X \ Y	1	3	計
1	$\frac{9}{20}$	$\frac{3}{20}$	$\frac{3}{5}$
3	$\frac{3}{10}$	$\frac{1}{10}$	$\frac{2}{5}$
計	$\frac{3}{4}$	$\frac{1}{4}$	1

(4) $E(X+Y)=\frac{33}{10}$, $V(X+Y)=\frac{171}{100}$

117 $n=9$, $p=\frac{1}{6}$

118 (1) $\frac{64}{243}$ (2) $\frac{160}{729}$

119 (1) $\frac{45}{1024}$ (2) $\frac{291}{512}$

120 $E(X)=100$

$V(X)=\frac{200}{3}$

$\sigma(X)=\frac{10\sqrt{6}}{3}$

121 $E(X)=10$

$V(X)=9.9$

$\sigma(X)=\frac{3\sqrt{110}}{10}$

122 $E(X)=6$

$V(X)=\frac{144}{25}$

$\sigma(X)=\frac{12}{5}$

123 期待値は25点，標準偏差は $\frac{55\sqrt{3}}{3}$ 点

124 $a=20$, $n=16$

125 $E(X)=10$, $\sigma(X)=3\sqrt{5}$

126 $8 \leqq n \leqq 12$

127 (1) $\frac{3}{4}$ (2) $\frac{1}{4}$

128 (1) 0.4265 (2) 0.8185 (3) 0.0668

129 (1) 0.3830 (2) 0.6915 (3) 0.0668

130 (1) 0.1587 (2) 0.2266

131 0.0013

132 0.8185

133 およそ93%

134 0.0013

135 (1) $E(X)=360$, $\sigma(X)=15$

(2) 0.1587

136 $k=69.6$

137 (1) 0.6826 (2) $k=187$

138 (1) およそ2.5%

(2) およそ240人

(3) およそ20人

139 (1) 全数調査 (2) 標本調査

140 (1) 729通り (2) 504通り

(3) 84通り

141 $m=-\frac{1}{9}$, $\sigma^2=\frac{80}{81}$, $\sigma=\frac{4\sqrt{5}}{9}$

142 $E(\overline{X})=169.2$, $\sigma(\overline{X})=1.1$

143 $E(\overline{X})=3$, $\sigma(\overline{X})=\frac{\sqrt{2}}{2}$

144 $E(\overline{X})=\frac{11}{5}$, $\sigma(\overline{X})=\frac{\sqrt{7}}{5}$

145 400以上

146 $E(\overline{X})=\frac{7}{2}$, $\sigma(\overline{X})=\frac{1}{6}$

147 0.1587

148 0.9544

149 $n=400$ のとき 0.6826

$n=900$ のとき 0.8664

150 $37.02 \leqq m \leqq 38.98$

151 1.20 mm以上1.28 mm以下

152 50.0 g以上52.0 g以下

153 0.552以上0.648以下

154 仮説は否定できる

155 10本のくじの中に，当たりは3本だけではないといえる

156 A店の平均時間は，グループ全体の平均時間と比べて違いがあるといえる

157 卵の重さに違いが出たといえる

158 385個

159 196人以上

160 3458以上

161 6147以上

162 この日の機械には異常があるといえる

163 この種子の宣伝は正しいとも正しくないともいえない

164 (1) 49 (2) 2401

165 重さの平均に違いがあるといえる

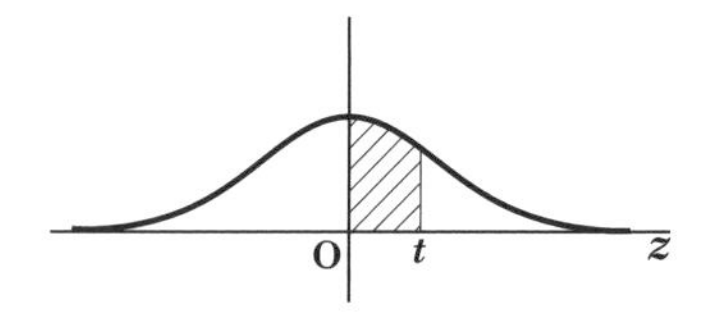

正規分布表

t	.00	.01	.02	.03	.04	.05	.06	.07	.08	.09
0.0	0.0000	0.0040	0.0080	0.0120	0.0160	0.0199	0.0239	0.0279	0.0319	0.0359
0.1	0.0398	0.0438	0.0478	0.0517	0.0557	0.0596	0.0636	0.0675	0.0714	0.0753
0.2	0.0793	0.0832	0.0871	0.0910	0.0948	0.0987	0.1026	0.1064	0.1103	0.1141
0.3	0.1179	0.1217	0.1255	0.1293	0.1331	0.1368	0.1406	0.1443	0.1480	0.1517
0.4	0.1554	0.1591	0.1628	0.1664	0.1700	0.1736	0.1772	0.1808	0.1844	0.1879
0.5	0.1915	0.1950	0.1985	0.2019	0.2054	0.2088	0.2123	0.2157	0.2190	0.2224
0.6	0.2257	0.2291	0.2324	0.2357	0.2389	0.2422	0.2454	0.2486	0.2517	0.2549
0.7	0.2580	0.2611	0.2642	0.2673	0.2704	0.2734	0.2764	0.2794	0.2823	0.2852
0.8	0.2881	0.2910	0.2939	0.2967	0.2995	0.3023	0.3051	0.3078	0.3106	0.3133
0.9	0.3159	0.3186	0.3212	0.3238	0.3264	0.3289	0.3315	0.3340	0.3365	0.3389
1.0	0.3413	0.3438	0.3461	0.3485	0.3508	0.3531	0.3554	0.3577	0.3599	0.3621
1.1	0.3643	0.3665	0.3686	0.3708	0.3729	0.3749	0.3770	0.3790	0.3810	0.3830
1.2	0.3849	0.3869	0.3888	0.3907	0.3925	0.3944	0.3962	0.3980	0.3997	0.4015
1.3	0.4032	0.4049	0.4066	0.4082	0.4099	0.4115	0.4131	0.4147	0.4162	0.4177
1.4	0.4192	0.4207	0.4222	0.4236	0.4251	0.4265	0.4279	0.4292	0.4306	0.4319
1.5	0.4332	0.4345	0.4357	0.4370	0.4382	0.4394	0.4406	0.4418	0.4429	0.4441
1.6	0.4452	0.4463	0.4474	0.4484	0.4495	0.4505	0.4515	0.4525	0.4535	0.4545
1.7	0.4554	0.4564	0.4573	0.4582	0.4591	0.4599	0.4608	0.4616	0.4625	0.4633
1.8	0.4641	0.4649	0.4656	0.4664	0.4671	0.4678	0.4686	0.4693	0.4699	0.4706
1.9	0.4713	0.4719	0.4726	0.4732	0.4738	0.4744	0.4750	0.4756	0.4761	0.4767
2.0	0.4772	0.4778	0.4783	0.4788	0.4793	0.4798	0.4803	0.4808	0.4812	0.4817
2.1	0.4821	0.4826	0.4830	0.4834	0.4838	0.4842	0.4846	0.4850	0.4854	0.4857
2.2	0.4861	0.4864	0.4868	0.4871	0.4875	0.4878	0.4881	0.4884	0.4887	0.4890
2.3	0.4893	0.4896	0.4898	0.4901	0.4904	0.4906	0.4909	0.4911	0.4913	0.4916
2.4	0.4918	0.4920	0.4922	0.4925	0.4927	0.4929	0.4931	0.4932	0.4934	0.4936
2.5	0.4938	0.4940	0.4941	0.4943	0.4945	0.4946	0.4948	0.4949	0.4951	0.4952
2.6	0.4953	0.4955	0.4956	0.4957	0.4959	0.4960	0.4961	0.4962	0.4963	0.4964
2.7	0.4965	0.4966	0.4967	0.4968	0.4969	0.4970	0.4971	0.4972	0.4973	0.4974
2.8	0.4974	0.4975	0.4976	0.4977	0.4977	0.4978	0.4979	0.4979	0.4980	0.4981
2.9	0.4981	0.4982	0.4982	0.4983	0.4984	0.4984	0.4985	0.4985	0.4986	0.4986
3.0	0.4987	0.4987	0.4987	0.4988	0.4988	0.4989	0.4989	0.4989	0.4990	0.4990
3.1	0.4990	0.4991	0.4991	0.4991	0.4992	0.4992	0.4992	0.4992	0.4993	0.4993
3.2	0.4993	0.4993	0.4994	0.4994	0.4994	0.4994	0.4994	0.4995	0.4995	0.4995
3.3	0.4995	0.4995	0.4995	0.4996	0.4996	0.4996	0.4996	0.4996	0.4996	0.4997
3.4	0.4997	0.4997	0.4997	0.4997	0.4997	0.4997	0.4997	0.4997	0.4997	0.4998
3.5	0.4998	0.4998	0.4998	0.4998	0.4998	0.4998	0.4998	0.4998	0.4998	0.4998

スパイラル数学B学習ノート
確率分布と統計的な推測

●編　者　実教出版編修部
●発行者　小田　良次
●印刷所　寿印刷株式会社

●発行所　実教出版株式会社
〒102-8377
東京都千代田区五番町5
電話<営業>(03)3238-7777
<編修>(03)3238-7785
<総務>(03)3238-7700
https://www.jikkyo.co.jp/

002302023　ISBN 978-4-407-35678-6